U1052594

青華秋實

现代室内装饰案例精选

陈　滨　边剑霞　主编

中国建筑工业出版社

图书在版编目（CIP）数据

春华秋实 现代室内装饰案例精选/陈滨，边剑霞主编．—北京：
中国建筑工业出版社，2008
ISBN 978-7-112-10356-0

Ⅰ.春… Ⅱ.①陈…②边… Ⅲ.室内装饰-建筑设计-案例-技术培训-教材 Ⅳ.TU238

中国版本图书馆CIP数据核字（2008）第147413号

责任编辑：李晓陶
责任设计：崔兰萍
责任校对：王雪竹 陈晶晶

春華秋實
现代室内装饰案例精选
陈 滨 边剑霞 主编
*
中国建筑工业出版社出版、发行（北京西郊百万庄）
各地新华书店、建筑书店经销
北京嘉泰利德公司制版
北京盛通印刷股份有限公司印刷
*
开本：880×1230毫米 1/16 印张：12½ 字数：440千字
2008年10月第一版 2008年10月第一次印刷
定价：68.00元
ISBN 978-7-112-10356-0
（17159）
版权所有 翻印必究
如有印装质量问题，可寄本社退换
（邮政编码 100037）

青華秋實

序

1999年9月，浙江九鼎建筑装饰工程有限公司成立，十年的辛勤耕耘，十年春华秋实，九鼎装饰已经走过十年风雨历程！

时光荏苒，匆匆流逝。回首九鼎十年，考验几多、挑战几多。九鼎装饰以始终如一的“人本装饰”精神走到今天。今天，九鼎装饰在不断创新中超越，从单一门店起步，成就了今天遍布浙江、江苏、安徽、福建、湖南、湖北、江西、上海七省一市，在全国范围颇具影响力的综合性家装企业。

九鼎装饰以“信守承诺、创造卓越”为宗旨，遵循“口碑相传、永继经营”的全新管理理念。不断开拓创新，形成了一个合理、良性的营运布局和日趋完善的工作格局，组建了九鼎装饰专业化管理团队，开发出科学、系统、高效的经营模式。以上诸方面的优化组合保证了九鼎装饰卓越的成绩，九鼎装饰创造了中国家装品牌的品质形象。

九鼎装饰十年大庆之际整理出版《春华秋实》这本高质量家装书籍，每一个精彩案例都给我们留下了深刻印象，希望这本书能够带给大家家装设计的愉悦。

2008年10月

十年风雨，十年成长。回首十年，我们有很多感动。此书谨献给一直支持九鼎装饰成长的社会各界朋友。

2008 年 10 月

十度光阴，十载情怀；品味汗水，感受生活。

2008 年 10 月

目　录

春之篇

华之篇

秋之篇

空间本身是没有含义与风格的，在于主人的兴趣与生活习惯，在设计师的策划下，空间有了特定的感情，有了生命。

实之篇

安静 个性 舒适 光亮

“家”的定义，不再只是给予人们单纯的相聚、休息空间，工作与家庭的连接带来了复合式的新生活形态，这就让书房的设计显得格外重要。

春之篇

春华秋实

春天，大地上是大片大片嫩绿的小草；山野里是一棵一棵盛开着花儿的桃树、杏树和梨树，在如火如荼的花团中，飞舞着成群的蜜蜂、蝴蝶；在晴朗、温馨的天空中，吹拂着软和的杨柳风，氤氲着土香、草香、花香的气息，弥漫着各种鸟儿动听的乐曲，还有牧童嘹亮的笛声……

当春带着她特有的新绿，如海水一般地侵入时，真能让人心醉；当春携着她特有的温馨，像浪潮一样地涌来时，也能让人断魂。春，是一帧浸染着生命之色的画布。她的新绿、嫩绿、鲜绿、翠绿，满眼的绿色呀，温柔着我们的视线。还有那星星般闪动的一点点红、一点点黄、一点点粉、一点点紫呀，也惊喜着我们的目光。

于是，开始在春天漫步。踩在她松软的泥土上，才知道生命的温床可以如此地平实。只要季节的老人飘然而至，所有沉睡的种子，都可以在这里孕育，并赋予生命一种变幻的姿态。

春，也是一幅饱蘸着生命繁华之画卷，一拱彰显着生命神奇的画廊。春天，因为萌生在这里的生命的齐奏，让我们真真切切感受到一种神奇的美丽。

家，其实也是如此。新家准备装修时的那份憧憬和激动，装饰过程中全身心地动用自己的视觉、嗅觉、听觉、想像、幻想，去挑选材料、选择好心仪的家具、电器……等到装修完毕，逐步挑选采集小摆饰等等，都让我们体验到了生命的自由、活力和灿烂。最后，全家人一起住进这个欣欣向荣、多姿多彩、全方全位的春天般的家，于是人的生命也变得如此美好！

为了让新房子装修达到舒适惬意的要求，设计师花费了不少心思。如何让主人在慵懒的午后、灿烂的阳光下，能坐在充满着异域风情的家中，享受着窗外的鸟语花香？在不经意间感受到休闲的生活方式，平静舒适、古朴自然、简约而又不失浪漫，只几个简单的造型或装饰，便勾勒出一幅迷人的画卷……

弧形门柔化线条　凸显异域风情

该户型面积较大，是一套两层高的排屋。设计师在整体布局上动了一番脑筋，既要体现异域风格，又要做到空间的合理划分，同时还要兼顾采光，所以大胆的圆弧形门洞设计就成了最好的选择。这样既丰富了房间的布局，又让整个空间显得柔和了许多。

中国红绿色墙　打造浪漫空间

用百年老木的家具、中国红的地面、绿色的那一堵墙……形成了厚重与浪漫的完美结合。纯净的白色、轻盈的绿色、跳跃的红色组成了房屋的主打色彩。设计师通过色彩的传递来体现风格，充满民族色彩的红色和绿色成为了整个客厅画面的主角，让人觉得舒适又自然。

为了打破色彩中过于沉闷的气氛，空间留白顿时让整个空间活了起来，让房子自由呼吸。而餐厅、客厅中民族风味的漆花和起点缀作用的靠垫，无疑让主人热情奔放的性格显露无遗。

相同元素贯穿整个居室　带来自然气息

没有华丽的建材，也没有太过复杂的装饰，设计师选用了最为自然纯朴的木柱做吊顶装饰，将大自然的气息悄悄带入室内，既不用担心落伍，又不必担心太过张扬，自然与时尚就这样完美地结合在一起。

无论是卫生间还是客厅乃至卧室，木质家具和饰品的装饰恰如其分地传递给人一种舒适、平心静气的享受。

风情

异域

空间

浪漫

活泼　炫丽

Winnie
the
Pooh

Toilet

自然

气息

自然

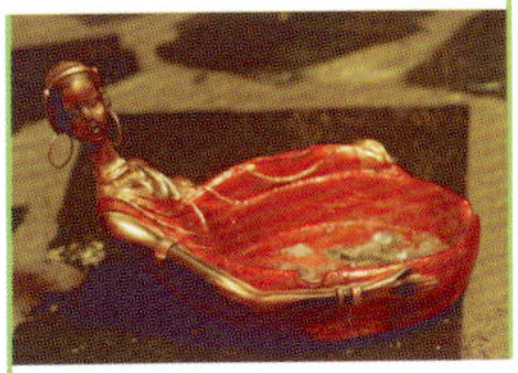

气息

设计点评：

本案例最大的特点是异域风格的混搭。设计打破传统做法，对地面的处理只是刷一层油漆；摒弃传统窗帘，用大木百叶；家具也不追求豪华奢侈，只求同房子整体气质的和谐。

色彩艳丽且大胆，浓烈大色块娴熟地运用，撞击中发挥了最大的视觉冲击感。孔雀蓝、大红、绿色、橙色，这些浓烈的色彩组合在一起充满张力。

自然风格，是房子最大的看点，不落窠臼的材料的运用画龙点睛。户外墙砖用在室内，拼贴出一个自然的休闲区。女儿房尽力保持开阔的儿童玩耍区，墙画的勾勒温暖又甜蜜，给孩子一个童话城堡。

温馨提示：

先在地面上下工夫，油漆成中国红的地面，映有民族传统花纹的图案，搭配一个又一个色彩丰富浓重、花纹古朴典雅的靠垫。热烈的红色、舒适的空间、精美细致的器物，烘托出浪漫诗意的气氛。

多种艳丽的色彩堆积在一起，非常不容易把握，讨巧的办法是将一堆你想购买的小布集中在一起，先进行搭配，再了解“天轻地重”的布置原则，一般就不容易出错了。

西方设计界有句俗话："**没有中式，就没有贵气**……"

本案是经典的古典中式之居室。设计师除了考虑居住者对居家的要求之外，还把不同位置或角度所见的景致作为设计的元素，使不同层次空间和修饰角度相互呼应、交互穿插。在动线方面，有焦点、有景致、有光线的期待、有空间的张力。在色彩运用上，以米黄色为基调，点缀以深色紫檀木，形态各异的中式灯具柔化了空间的氛围。

所有使用及功能区域以现代为主，而在装饰和文化上采用大胆的中式材料。中式就是这么意味深长，所有的艺术都有它最具代表性的蕴意和象征，现代的中式沙发、茶几上的功夫茶具，还有各个角落的中国红纹饰，更显得贵气。餐厅和厨房也延续了现代与中式的结合，茶区的摆设让空间也变得休闲生动，所有装修尽显简约的人性化。以过道连接餐厅、客厅与卧室等区域，使得整体的空间以水平与垂直的方式相互交错，互相呼应。

中式

古典

Haier

■ 有**焦点**

■ 有**景致**

■ 有**光线**

设计点评：

中式风格一向是中年成功人士所喜爱的一种风格趋向，为了不想失去居住的真正意义，以及功能使用的设计理念，将现代以人为本的居住为核心与中式风格融入到设计中，于是现代的中式风格适合了本案例的设计思路。

温馨提示：

中式装饰实际上是一种自身品位的最好检验，它包括对学识、对美的感悟与体会，对整体的构思与规划，对材料的把握与使用，尤其包括对理想境界的向往与憧憬。立意——写意：由感性认知到理性认识，再由理性认识创造出新的感性认知。由特殊到一般，再由一般升华到更高的特殊，自身品位便融入其中了。家居装饰既用于自我享受，也为了朋友交流，人物和谐，知行合一。

这是一套**婚房**，各个角落张贴的囍字，让我们感受到了那份新婚的浪漫和温馨。

业主希望他的家比较个性、休闲，多一些时尚元素在空间里面，没有刻意追求某种既定的风格，在这样的一处皆具都市便利与自然生态的居室，设计师尽可能将设计做到完美。

本案在设计手法上尽量精简，通过一些隐形墙面的处理，使得空间更加融合、整体。开放式的餐厅创造出流动、自由、互动的空间关系。客厅沙发采用了米黄色为主基调，配有黑白大花纹靠垫布艺沙发，以及电视背景墙使用同类色的铺贴处理，大气之余更显个性。餐厅淡绿色暗花纹的一堵墙，清爽的色调更让人静心去体会用餐时的乐趣。

由于是婚房装饰，在选择材质的色彩上，大胆使用中国红、浪漫紫，进行室内气质的塑造。在同一个室内空间尽量不出现三种以上的色彩关系，避免造成视觉的混乱。设计上着重把握色彩心理与设计风格的定位关系，使得整个空间更加和谐、流畅。

个性和休闲

都市便利与自然生态　　元素多样

浪漫和温馨　　空间更加和谐、流畅

餐厅在居室设计中虽然不是重点，但却是不可缺少的。餐厅是家居布置里面非常重要的一个环节，得体的餐桌、精致的餐具、柔和的灯光及主人开心的笑容，将家庭的温馨尽情展现出来;适当的配置，不但在空间划分和布置上得当，更能通过细心的小装饰来提升餐厅的生活情趣，一套美轮美奂的餐具，不仅能增加主人的食欲，更是主人品位的一种体现。

餐厅的设计具有很大的灵活性，可以根据不同家庭的爱好以及特定的居住环境装成不同的风格，创造出各种情调和气氛，如欧陆风情、乡村风格、传统风格、简洁风格、现代风格等。餐厅的设计是丰富多彩的，关键在于合理利用住房空间，对功能要求和整体风格把握巧妙结合，不拘一格，充分考虑实用性，让您在餐厅吃出新感觉。设计上，主要把握以下三个要素：

采用开放式格局　突出就餐区的实用性

餐厅在陈设和设备上是具有共性的，它要求简单、便捷、卫生、舒适，应尽量采用开放式格局和装饰。一般除餐桌、餐椅和灯具外，可以根据主人的爱好和空间大小搭配酒柜、展示柜、酒车等。

利用灯光配置　营造用餐的氛围

餐厅装饰要有用餐气氛，体现视觉效果，整体颜色要舒服。尤其是灯光配置应以暖色调为主，尽量避免采用日光灯光源。四墙面的颜色与点缀物要以淡雅颜色为主，再配以适当的绿色植物和装饰画，让人看后心情舒畅，以增进食欲。灯具选择可以不受空间高低的限制，选择主人喜欢的吊灯。

巧妙搭配摆件　体现生活情调

餐厅中主要的家具就是餐桌和椅子，在装饰时，不要让餐桌上光秃秃的，陈设一些实用的小摆件会增加生活情趣。例如摆上一瓶鲜花，放上一些晶莹剔透、外形独特的玻璃器皿，细腻精致的陶瓷餐具等，无论观赏或使用，均能表现出生活格调。

采用开放式格局

突出就餐区的实用性

满足视觉　充溢味觉

满足视觉 充溢味觉

利用灯光配置
营造用餐的氛围

中央电视台

满足视觉　充溢味觉

利用灯光配置

营造用餐的氛围

巧妙搭配摆件

体现生活情调

中式的室内装饰犹如孔雀。孔雀美，这一点无可厚非。它天生丽质，眩目的彩羽高调地昭示着一种透彻的华美。一踱步，一凝眸，天地都会为之黯然。它就这么高调地活着，众星捧月般地活着。

但是，中式室内装饰中，充分运用自然的材质，塑造出那份低调中透出的华丽，更让人无法抗拒。中国古典家具带着鲜明的民族精神和独特的艺术风格，给我们展示了中华民族悠久历史和灿烂的文化，它像一种人文美学，直观地反映出时代的人文气息和文化底蕴。

中国人“**以和为贵**”的处事之说，对于当代设计亦可此套用概括。如何将中国古老元素去繁从简，将西方现代设计化直为柔。“和”投射的是简单的复杂，是复杂的简单。把握好“和”的尺度，就能体现出中国元素在视觉上的华贵大气，西方人设计以人为本的宝贵人性。当我们走进中式装饰的房屋，细细品味这个结构颇为复杂的居室，隐含了中式精雅的古典气息，西方干净利落的现代派设计……天，这该是多么纷杂的一个家。可惜，你看不到想像中的拥堵繁杂，只能体会到一种感受——淡定从容，静美，让人无法抗拒！

本案的业主在设计的时候，要求设计做到豪华和朴实相结合。

设计师在看过原始结构后，发现原本的户型相对来说分割琐碎，不能够凸显大户型的空间感。为此，设计师把二楼的空间作了处理，原本狭小的房间全部打通，做成宽敞的餐厅，利用原本的管道位置，处理成烟雾吸收区域，这样对吸烟的人来说，空间就不会烟雾缭绕。

驼色是这套房子的主色调，一般很少有人能够把驼色运用得那么娴熟。此类颜色虽然属于米色系列，却因为颜色过于硬朗而很少在室内大面积运用。设计师在处理上，用了米白色系、米黄色系石材作铺垫，深色材质作线条。在颜色上呼应了驼色的硬朗以及色彩的质感。

给每个房间不同的视觉享受，是设计师对房间的概念传达。客厅的大度贵气、主卧的温馨以及女儿房的浪漫，用墙纸来衬托气氛，恰到好处地表现了主人的居住观。

房子简介：华龙碧水豪园。排屋，280 平方米。简欧风格，用大理石以及木材点缀出朴实质感。

驼色的硬朗

色彩的质感

豪华和朴实相结合
凸显空间感

本案例属于海月金棕榈的排屋类型。

业主要求整体空间能够大幅度利用，设计师通观全局发现，本案的原始结构浪费地方太多，为此，设计师巧妙地利用空间的承传增加房屋的利用率。

为了能彰显主人的品位，设计师在用材方面也费尽心思。客厅里的一面贴铂金装饰墙，和屋内的装饰交相辉映，把时尚和抽象融为一体，展现了主人无可比拟的生活品质。而在三楼休闲区用软木板做墙面，不仅从环保角度考虑，更是和周围环境呼应，达到人与自然的和谐。

房子大了，颜色的搭配尤显重要，除去用重色地板外，设计师用了相对温馨的米黄色系列做主打，配以金色的点缀，卧室用了大胆的绛红色刷墙面，空间层次感立刻被凸显出来，房间也显得活泼明快了许多。

比如，主卧卫生间，按照原始结构的面积，无法放置泡泡浴缸。为此，设计师把卫生间和外阳台联通，巧妙拓展了空间，浴缸就放在了阳台上。如此一来，女主人能躺在浴缸里，抬头能看到天上的星星点点，是多么惬意的一件事情呀！

房子简介： 海月金棕榈排屋，220 平方米，四室三厅。装修现代简约，整体空间把握流畅，恰到好处地体现业主的生活品位。

人与自然的和谐，时尚和抽象，活泼明快

从现代生活上来讲，纯中式并不是非常适合，所以设计师考虑到业主的实际生活，用了现代中式风格来表达业主的生活喜好。在中式风格中加入现代元素，两者互相衬托相得益彰。所有的装饰物也都代表着设计师与业主选择红木价值和艺术含量的辛苦成分，大气磅礴的山水画、书法作品和中式窗帘让整个居室增加了中国文化的气息。卫生间延续了现代与中式的结合，餐厅的红木大圆桌也变得休闲生动，所有装修尽显简约的人性化，而非繁杂多就是设计好，突出的是各种红木搭配的装饰效果，更具备了收藏价值和欣赏的艺术含量……

设计师秉承生活至上原则，把原先过道做成走入式衣柜，衣柜起到了收纳功能，空间又得到合理利用。餐厅和客厅之间用玻璃隔断作适当的分隔，中式图案在起到装饰的同时又和整体风格相呼应。

颜色处理上，尽量保证中式元素的表达，明快的色调也可以作恰当的点缀。本案突出的地方是，卫生间现代风格对颜色的融合，既兼顾了功能性，又对中式风格作了很好的诠释。

现代中式

中国文化

简约的人性化

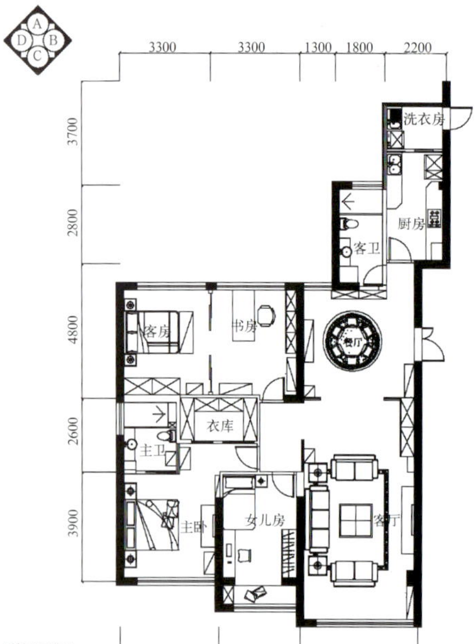
A
B
C
D
3300
3300
1300
1800
2200
3700
2800
4800
2600
3900
洗衣房
厨房
客卫
客房
书房
餐厅
衣库
主卫
主卧
女儿房
客厅
3600
3000
4300

原始平面图

书 • 房

客厅不仅是待客的地方，也是家人聚会、聊天的场所，是集会客、展示、娱乐、视听等功能于一体的生活空间，因此，客厅对于一个家庭非常重要，也是室内装饰的重点。一般家庭都会在客厅的装修上投入较多的财力和精力。为了体现不同的生活层次、业余爱好、交往群体，就要在客厅装修中映射主人的系统设计思念。主要把握以下三点：

区域划分合理　总体协调统一

客厅奠定了家庭装修的基调，一般划分为就餐区、会客区和学习区。客厅给人的感觉是优雅明丽，还是古朴雅拙？是雍容华贵，还是热情浪漫？客厅是家的中心和灵魂，体现了家庭主人身份地位和生活品位。因此，装修时除了安排好空间结构和功能外，艺术风格和气氛格调的创造是非常重要的。同时，各个局部区域的美化格调要与全区的美化基调一致，使个性寓于共性之中，体现总体协调。

空间相对稳定　装饰讲究统一

总体说客厅大区要反映主人装修档次及艺术美觉，具体说各小区域要有特色。客厅是现代家庭生活空间的核心，因此客厅的面积一般要比较大，空间给人的感觉必须开敞，客厅和门厅与各个房间联系方便、通畅。客厅最好是朝南的房间，阳光温暖，光线明亮。

客厅同时要有较好的观景视野，最好能与阳台相连，这样就可以做成落地式的门窗，更显开阔。客厅内一定要有一个稳定的空间用于休闲、团聚，而不被穿越所干扰，并能较舒展地放置必要的家具和设备。

前几年，人们常常喜欢给不同的区域地面赋予不同的材质和不同的“肤色”。表面上似乎很丰富，实际上有凌乱感。近年来，人们逐渐习惯于地面用一种材质一种“肤色”处理，客观上收到较好的效果。

面向电视主墙面　布置把握重点

客厅电视主墙面位置以及沙发位的选择和确定对于客厅的配置非常重要。客厅主墙面常常是客厅的视觉趣味中心。此外，某些房间的结构面貌常自然地成为注意的中心。如：设有火炉的起居室，常以火炉为中心突出室内的特点。窗口也常成为视觉的焦点，如果窗外有良好的景色也可利用其作为趣味中心。某些客厅把精心设计的沙发背后区域，作为突出客厅的趣味中心。

对于面积较大的家庭，可以考虑客厅与视听空间分开，成为纯粹的会客空间。但对于面积不太富裕的家庭来说，会客和视听空间在一起共享，也就是说面向电视主墙面来布置视听设备和沙发家具，仍然是一个很好的选择。有特殊喜好的家庭，如果面积充足，也可以考虑在客厅一角设置一架钢琴、一个吧台或一个茶座。

壁画、珍贵陈设品和收藏品，均可引起人们的注意，加强室内的重点。如果将个人业余爱好收藏的各种标本，作为室内的重点装饰，可以不落俗套，不一般化。

面向电视主墙面
布置把握重点

空间相对稳定

装饰讲究统一

天道酬勤

区域划分合理

总体协调统一

面向电视主墙面 布置把握重点

面向电视主墙面

布置把握重点

区域划分合理

总体协调统一

建立沟通的愉悦感

雅

区域划分合理

总体协调统一

温馨提醒：

不要选择那些本来不能引起人注意和兴趣的角落去布置趣味中心，在趣味中心的周围，背景应宁可使其后退而不突出。只有在不平常的位置，利用不平常的陈设品，采用不平常的布置手法，方能出其不意地成为室内的趣味中心。

空间相对**稳定**

装饰讲究**统一**

空间相对稳定
装饰讲究统一

空间相对稳定

装饰讲究统一

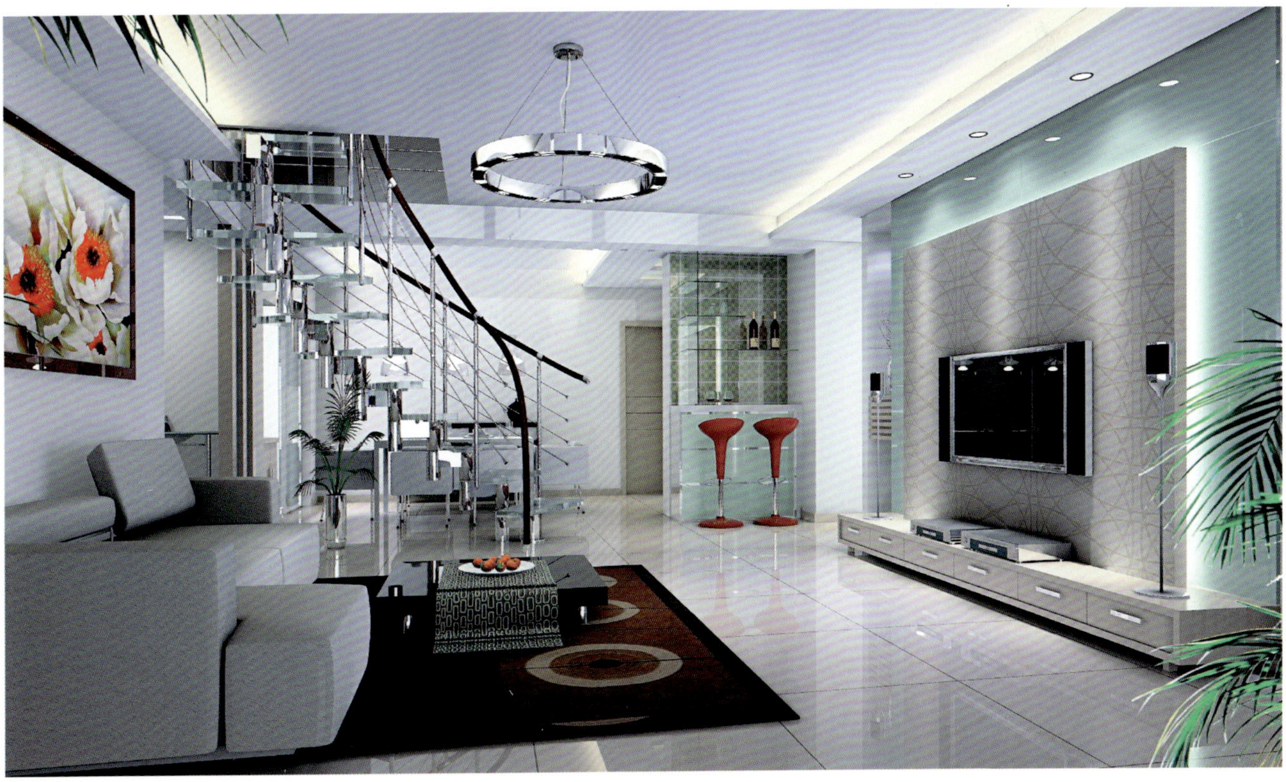

秋之篇

春华秋实

秋，是一种铭心而淡泊的等待，是丰收的企盼。入秋时节，当天际完成最后一片流云的雕琢，当晚风滑过最后一朵涟漪的指尖，当樱叶留香在枯黄的纸页余韵残存，当暗红色的天空开始出现天鹅绒的光泽时，微风拂动，夕阳的颜色像羽毛一样滑过脸庞，抚摸心尖，如同天边流出一泓传神的波纹，那一闪一闪的美丽，清澈着我们的心扉。

英国作家乔治 · 吉辛曾经这么描述秋天：日出时，我向外张望，天空看不到一块巴掌大小的云块，树叶在轻轻地飘动，似乎充满了欢欣，叶上的露珠闪耀着圣洁的晨光。日落时，我站在屋前草地上，观望那红色火球没入紫色云雾中；在我身后，满月在紫色天空升起，日规影子轻轻转动，天地之间呈现出说不出的可爱与宁静。

是的，我们的家也是如此。它有一种秋天般特有的**清雅、洁丽、纯朴、清新、宁静**的感觉，轻捷如舞、洒脱飘逸的姿态，透出一种洒脱不羁的风范。它走来了，如一阵风，挽来了一片清晨的朝霞。在蓝色或金色的苍穹下，目所能及，无不美丽，使人在梦幻似的宁静中与大自然融成一体。

每一个秋季，总有这么个完美无瑕的日子。从来没有什么曾这样触动我们的心，带来这样合适的欢欣心情，满足了无苛求宁静的希望。

一个充满独特气质的人总会令人过目不忘，远胜于俗气美丽的一张脸。同样，一个充满独特气质的家，也远比用无数装饰品“点缀”而成更有欣赏价值与居住意义。位于闲林山水的这所居室经过设计师妙笔生花的“打理”，越发显得楚楚动人。

素雅的色彩静静描绘了整个空间的格调，利落的线条勾勒出室内的总体构架，没有繁复与凌杂，简约灵秀之中透着隐隐的优雅。开放式厨房与客厅连为一体，除拓展空间视野外，也体现了业主对自由平等的生活的理想追求。

黑、白、驼色有序地穿插其中，让每个空间都不显单调与寂寞，富有整体感。恰到好处地装点着的水晶灯、落地灯、花瓶、纱帘、饰品等更是为这个“气质美人”锦上添花。

客厅透着一股豪华瑰丽气息，自有一番韵味。电视、沙发、茶几，满足了最基本的待客休闲的需求，看似慵懒实则纯粹。旁边的钢琴，似乎还在奏响着田园的乐曲。

主卧沙发上方的实木布艺帐廊，旁边用镜子做的柜门，流淌着现代的艺术动感，给居室画上了一抹时尚亮色。

中间自然而设的过道，隐性充当了客厅与餐厅的隔断，又不妨碍二者的亲密。餐厅靠墙而置的储物柜，既合理利用了空间收纳物件，又利用柜门的纹饰装点了空间。

卧室延续了整体空间的风格，依然纯静如故，似有薰衣草的香味拂过，带着淡淡香气引人入眠。一盏充满艺术气息的吊灯，和着床头幽雅的光影，浪漫不言自明。

素雅的色彩
利落的线条

本案最大的特点是把原本面积并不是很大的空间，通过细节的处理，使得空间扩大化。

因地制宜运用空间　保持视觉的连续性

设计师因地制宜地运用空间原有结构，并不做任何阻隔，只是对门框的处理上往上拉高，这样子使得门面看起来显得高大，拉伸了房子的空间感。而作为空间的重点，客厅部分保持原样，并不作改动，把厨房以及卫生间的门做成了整面的移门，从视觉上保持空间的连续。

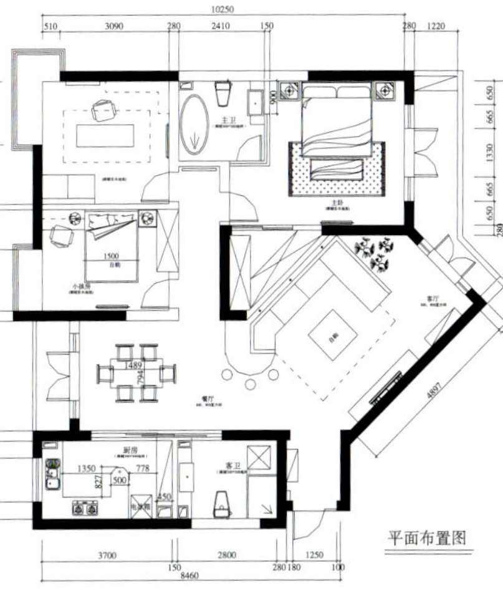
10250
510
3090
280
2410
150
280
1220
主卫
主卧
小孩房
1500
客厅
餐厅
1489
794
厨房
1350
778
827
500
450
客卫
3700
2800
1250
8460
4897
3960
650
665
1330
1740
1630
1090
1690
3000
1200
475
900
平面布置图

充满生机的壁画
感知自然的想像

本案例大面积运用墙纸，延伸视觉上的统一感，只对主卧的墙纸在花纹上作略微调整，整体色调明快。客厅沙发背景用了细条的墙砖，刷白色乳胶漆，设计师用画笔留住自然，别出心裁在墙砖上画一片红叶，顿增空间的灵动性，留给业主空间的自然想像。充满生机的装饰画，既遮挡了视觉空间和客厅为一体的墙上插座、电线，又为居住者带来了自然的元素，让人心情更加愉悦、放松。

CONDE

自然生命的艺术

营造微观小环境

设计师利用有生命的盆栽摆放和插花的点缀，不但净化了空气，而且为居室增添了一道自然的风景。一些有趣的饰品摆放其中，于是，整个家感觉更加丰富和完美。

本方案感觉很简约，带着一股现代的时尚气息，刚一看上去或许感觉没有太多的设计修饰，当你慢慢感知后会发觉，其实设计的细节语汇已在不知不觉中融入家居的每个角落。

每一个家都有着不同的面孔，都呈现出独有的表情，透过对家的观察可以反映出主人的生活方式和对生活的态度，相同的是每个家都承载着对生活的热爱和美好憧憬。

室内整体以驼色为主基调，辅以黑色、咖啡色材质，营造出明亮利落的空间视觉效果。

洗练、明朗、舒适、自然是它的气质，简约是它的设计风格，简约设计就如同具有质感的白纸，可以随着时间的推移对环境进行调整、改变时留出足够的空间。

现代简约，如同人一样，一定要有气质，抛弃无谓繁复的装饰，只要将它内在的神韵表现出来就可以了。生活在繁嚣都市中内心总会有些疲惫，当回到简约的家中放松一下心情，感受一份轻松，以一种简约的形式生活，生活在真实、自我的世界里，那会给我轻松的感觉。

地面通体铺装原木色实木地板，让时尚简约的空间氛围中融入自然、温馨、舒适、内敛的设计元素。体现出了典型素雅的现代风格，设计中摒弃了造型与材料的繁复叠加，装修部分以减法的设计理念塑造空间格局，装饰方面则运用了加法的设计手段来渲染生活的品位。

这种不经意间的设计，传递着内敛的生活情节，而生活其中也会很舒适，简约设计、简单生活，让我们感觉那才是最有意思的。

洗练○明朗○舒适○自然

一所住宅最重要的位置当属主卧室了。卧室是人度过一生三分之一时光的场所，摄气养神，均在于此。

一般主卧布置的原则是如何最大限度地提高舒适和提高主卧的私密性，所以主卧的布置和材质要突出的特点是清爽、隔声、软、柔。子女房与主卧最大的区别就在于设计上要保持相当程度的灵活性。子女房只要在区域上为他们做一个大体的界定，分出大致的休息区、阅读区及衣物储藏区就足够了。在室内色彩上吸引孩子是设计子女房的要点。儿童房间容易弄脏，装饰时应采用可以清洗及更换的材料。最适合装饰儿童房间的材料是防水漆和塑料板，而高级壁纸及薄木板等不宜使用。客卧和保姆房应该简洁、大方，房内具备完善的生活条件，即有床、衣柜及小型陈列台，但都应小型化、造型简单、色彩清爽。老人居室，装修要贴心。

基于以上理解，现代中西合璧风格装饰过程中，卧室一般要把握好四个基调：

1. 纯粹；2. 舒适；3. 温馨；4. 浪漫。

纯粹

CMG（颜色行销组织）首席主席 Jack Bredenfoerder 认为“现代社会人们需要简化自己的生活，这反映在 2008 年卧室颜色的流行趋势上——颜色拼盘将更为纯粹。”2008 家居设计上，卧室的环境对卧室的用色将起更大的决定作用。

普遍认为，卧室颜色的运用应该遵循这样一个原则：创造一个私人空间的同时表现出内心的欲望；对于大多数人来说，即是一个可供休憩与放松的场所。空间形态制约着你的设计理念，卧室装饰，“功能亦装饰”。做到空间形式互相穿插，简单纯粹，功能完备即可。

舒适

好的设计不仅仅只是刻意地模仿，更多的是理解和风格的感悟，每个空间的感情色彩与生活习惯应尊重使用者，功能与风格统一，主体明确。应根据年龄的不同进行布局，老人房要祥和宁静；大人房要柔和温馨；小孩房要生动活泼。

首先，要注意颜色的搭配。 卧室色调为暖调为宜，颜色搭配要和谐、淡雅、温馨。卧室大面积色调，一般是指墙面、地面、顶面三大部分的基础色调，家具织物为主色，顶棚颜色宜轻不宜重，而地板的颜色则宜稍深色为主，家具色彩要注意与房间的大小、室内光线的明暗相结合，并且要与墙、地面的颜色相协调。

再者，装饰风格要与家具风格相搭配，要么和谐统一，要么相互呼应。 不要因为饰品过多打乱整体感觉，画蛇添足，反而不美。在超凡脱俗的高贵气质下，我们感受到的是那份特有的舒适与精致。

温馨

中西合璧的装饰风格，切忌风格的发挥最大化，应把握每一种文化的精髓所在，含蓄内敛。使空间稳重而优雅，并将中式与西式很好地串连。可搭配出一些灰蓝或淡蓝的组合，会产生令人平和、恬静的效果。亦可采用淡紫色与浅绿色的搭配，产生一番令人奇幻的神韵，展现迷人的气度。素净、清雅的落地窗帘加上同种花色的被套、枕头，让人倍感亲切。淡淡的暖色调，再辅以轻柔的棉纱织物，营造出一个温馨的世界。

浪漫

浪漫的梦从浪漫的卧室开始。卧室是家里最私密最无须戒备的地方，所有的波动与不安都被阻隔在外，洗尽铅华，暂时忘却世故人情，在安稳的港湾里还自己一个最本真的面目。

空间本身是没有含义与风格的，在于主人的兴趣与生活习惯，在设计师的策划下，空间有了特定的感情，有了生命。卧室照明不需要很强的光线，而且色调要柔和、温暖，灯具可以选择表面亮度低的漫反射材料灯罩。主照明灯具不要正对着床，给人带来不安全感。装修是功能与使用价值的实现，装饰是个性与美学的体现，两者要达到和谐的统一，更要体现主人的特性，这样在长期居住中才不会厌烦。

所以，无论是塞满衣服的主人卧室，还是兼用作家庭工作室的客房，只要经过合理规划，巧妙拓展储存空间，所有物品都能轻松实现高效收纳。整齐的同时不要忘了给房间一个美丽的外表，做到品位与实用收放自如才是成功。

纯粹 舒适 温馨 浪漫

瞿沙在文中说："小时候，希望有朝一日自己搬出去，就能有属于自己的家。年少时，希望找到一个相爱的人，拥有我们共同永远的家。长大后，才明白，家的概念并不是虚幻的，它是能具体到每一个细节的。"

是的！家，的确能**具体到每一个细节**，不管是在或大或小的房子里。可终究，家就是个充满着幸福味道的、全世界最安全的地方。包括每一句唠叨的言语，也带着幸福的滋味。在我们每一次拥有新房子或者想重新装饰房子的时候，我们会着眼于每一个细节。从选定装修的整体风格，每一件室内的家私，都有其存在室内空间特有的价值。不管是多么舒适的床，多么尊贵幽雅的沙发、桌子，还是室内特有装饰品，每一样作为室内空间的一员，都有其独特的职责，用它们本身自有的价值烘托、点缀着身边的其他成员，而不是空间的堆砌。

不管家具的如何变化，灯具的如何变化，还是装饰艺术品的如何变革，其所有的变化都是汲取了我们身边发生的事情，只是更为细微地了解事物，运用更为灵动的变通手法，使之更为贴近于我们的生活。每种元素看似朴实，但却各具特点，均能诠释不同凡响的情趣。

在装饰新家的设计过程中，创意无处不在，创新无处不有，所有的新艺术创意都藏匿在我们的生活中。只要有良好的洞察力、潜在的变通思维意识，其实我们每个人都是生活作品的大师，只是每个人都在演绎不同的角色而已。

饰品使得我们的家每个部位都显得独一无二，与众不同。这边是春意盎然、花香鸟语，那边是大雁南飞。冬已至，炉边烤火，一片温馨景象。一切的一切，有了人性化与感情寄托的气氛，让人离不开这个环境……

原来，**家是我们与生俱来便拥有的东西，** 却也会在某天成为我们毕生最大的愿望。

该居所最能够吸引人的是有一个 360° 全江景空间，设计师在空间处理上，保留视野开阔这一特点，将面对江景位置的客厅作为房子的重心设计。业主喜欢简洁、时尚的设计，所以设计师大多用了直线条，在视觉上形成连贯和统一。客厅和餐厅中间用电视背景墙区分，两个空间既独立又互相借鉴，设计师专门在餐厅设计一个小吧台，为业主的生活增添了不少情趣。

房屋简介： 太阳国际，130 平方米。三室两厅，装修风格简洁、现代。

由于江景房用石材会显得过于冷清，设计师运用了大量的木材。为避免材料的单一，设计师又加入了不少的艺术玻璃，使空间富于变化，且利用玻璃的通透性，让空间看起来开放自如。色彩搭配也是设计师遵从了江景房这一概念。本身有足够的采光，浅色系列让空间会显得小家子气，设计师用深色压住房子整体感觉，用金银相间的条纹壁纸过渡，大气且现代感十足。

灯光在居室除了照明，还起点缀光源作用，家里那些角落用射灯调剂，使空间变得丰满且富有趣味性。

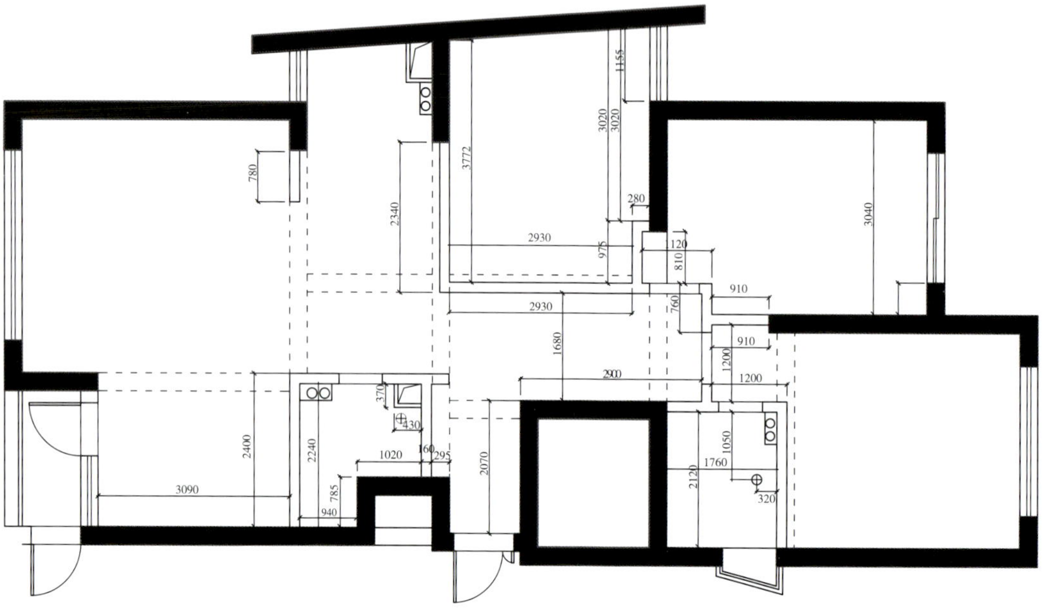
1155
3020
3020
3772
780
2340
280
2930
975
120
810
3040
910
2930
760
910
1680
1200
2900
1200
370
430
2400
2240
1020
160
295
2070
1050
1760
2120
320
3090
785
940

本案在设计手法上尽量精简，通过一些隐形墙面的处理，使得空间更加融合、整体。整个空间风格简单、随意、又富有时代文化气息，将文化与现代节奏有机结合，使得空间产生品位与简约相统一。追求的就是一种简练、质朴的自然风，处处从细节入手，始终围绕房屋结构本身所特有的不同之处，使整个空间顿时灵动起来。

客厅选择了黑色布艺沙发，地面铺设了错落着大大小小黑斑点的白地毯，大气之余更显个性。沙发背后的抽象油画，散发着现代的艺术动感，给客厅画上了一抹时尚亮色。

书房冷色的家具，休闲椅前铺着白色毛毯，清爽的色调更让人静心地去体会书中带来的乐趣。以过道连接餐厅、客厅与卧室等区域，使得整体的空间以水平与垂直的方式相互交错、互相呼应。开放式的厨房与餐厅创造出流动、自由、互动的空间关系。

设计上着重把握色彩心理与设计风格的定位关系。空间整体色彩以黑白对比色调为主，卧室贴上白色压花墙纸，使得整个空间更加和谐、流畅。

衔华佩实

SIDNEY

简单随意

流动

自由互动

时代文化气息

本案中设计师采用简单、素雅的线条，放弃拼花，平铺直叙，只是在家具和窗帘的配置上凸显新古典主义雅致风格。营造浪漫气氛是该案主题。

宽敞舒适的空间与富于质感的白色皮质沙发、黑色布艺茶几和休闲躺椅，典雅温馨的氛围不经意而出。米黄色皮面电视背景墙高耸，给人以简单的留白感，衬托出高贵华丽的气派而又不失温馨。

不分割空间与尽量简化古典线条的设计，让古典更兼容于现代生活环境。拥有起居室、更衣间、书房等功能的主卧室，不仅强化使用机能，更保有舒适的睡眠场所及私密的独立空间。素净浪漫的室内风格，充满家的感觉。

设计师从客厅灯饰、窗帘、电视柜及家具的摆设，乃至于餐厅柜、餐桌、卧室与书房的规划，皆依循对称的设计语汇延伸发展，成功地赋予空间视觉的对称美感，处处充满宽敞舒适且优雅的居住气息。

温馨

家园

新古典风格的把握不是一件容易的事，设计师往往会被复杂的线条及华丽的家具、灯饰所左右，使空间不知不觉落入俗气老套的窠臼。

安静

安静对于书房来讲是十分必要的，因此在装修书房时一定要选用隔声、吸声效果好的装饰材料。顶棚可采用吸声石膏板吊顶，墙壁可用PVC吸声板或软包装饰布等装饰，地面可采用吸声效果佳的地毯。

个性

将书房的基本元素任意组合，电脑桌、电脑椅、各式组合的书柜、书架以及休闲小沙发的摆放形式，都能充分展现出属于自我的个性。在发挥创意、想像、专长、才能的工作空间里，"非凡"的整体家居设计能尽情地挥洒。无论是一个大气的书柜还是一个多用的工作台，乃至一个小巧的书架，从装修风格的总把握到每件家具细节的处理，"非凡"的独特创意，更赋予了书房中每件作品以生命的灵性。

舒适

在一个被称作书房的空间里，“书”是使用最为频繁的工具。为了能够好好地保存它，利用书柜来妥善地进行收藏是非常重要的。无论是大型书柜，还是开放式的书架，都可依不同的需要和空间状况使其适得其所。如果它够大够高的话，还可用于墙面的装潢，或者空间的间隔。

光亮

书房是读书写字的场所，对照明及采光的要求很高。因此，写字台要放在阳光充足但不直射的窗边。灯光也是书房中很重要的成员，分布均匀的暖色调光源最适合读书。而书柜中或书柜前最好加装几盏小射灯，不仅美观，查找书籍时也较容易。当然，工作台上一定要有一盏可调明暗的台灯，以便于阅读。

书房作为工作、阅读、学习的空间，其设计以功能性为主。在其装修中必须考虑安静、采光充足、有利于集中注意力，为达到此效果可以使用色彩、照明、饰物等不同方式来营造。随着“网络科技”的愈演愈烈，为网络一族打造一个全方位的工作环境，已成为当今居家设计的新趋势。“家”的定义，不再只是给予人们单纯的相聚、休息空间，工作与家庭的连接带来了复合式的新生活形态，这就让书房的设计显得格外重要。

安静

个性

舒适　　光亮

后　记

设计是有灵魂的。设计的张力、节奏、规划，到最终的完成，我们所看到的或者古典、或者现代、或者质朴、或者精致的房子，它的精彩纷呈足够给人已享受。当然，或者还是有瑕疵。一道菜是否味美，厨师只是一个引荐人，最终还得由食客们来评判。

在这里感谢一直支持这本书编写的所有人员。感谢中国建筑工业出版社的肯定与编辑的支持。感谢读者。

作者

2008.9.10

感谢我的学生：陈佳、方磊、高辰超、黄弘、黄曼懿、蒋钰瑶、李锦芳、李康康、李玲、梁坚、钱益超、吴达、徐涛、杨佳、杨晓炜、姚世健、张雷、张颖颖、朱巧珍、周鑫、董冰洁、耿洪艳、顾峰源、黄轶凡、李丽